Y²
8319
733

...CLOPÉDIE A.L. GUYOT

A.-M. AUDRAN

PETIT GUIDE

du

RELIEUR

AMATEUR

PARIS

Librairie Garnier Frères

30c

PETIT GUIDE

DU

RELIEUR AMATEUR

R.F.

8° Y²

48312 (733)

H.-M. AUDRAN

PETIT GUIDE

DU

RELIEUR

AMATEUR

PARIS

Collection A.-L. GUYOT

20, rue des Petits-Champs, 20

TOUS DROITS RÉSERVÉS

Petit Guide du Relieur Amateur

I

CE QU'ON DOIT ENTENDRE PAR L'INDUSTRIE DU RELIEUR AMATEUR

L'industrie du relieur a pour objet de rassembler, sous une couverture solide, les feuilles d'un livre, de manière à en prévenir la dégradation. Pour la reliure qui nous occupe et qui ne vise que la reliure d'amateur, c'est-à-dire celle que toute personne de goût, peut, avec un peu de pratique, exécuter chez soi, avec un certain art personnel, nous distinguerons :

1° *La reliure entière ou pleine,* qui se dit d'un livre entièrement recouvert de peau, maroquin, basane, parchemin, étoffes diverses, etc.

2° *La demi-reliure,* qui n'a que le dos couvert en peau et quelquefois les coins, les plats étant en papier ou en toile.

3° *La reliure anglaise,* dont le dos et les plats sont en toile.

4° *La reliure à la bradel,* avec dos en toile et plats en papier. Cette reliure coûte bon marché, est d'une solidité suffisante et d'un assez joli effet.

5° *Les cartonnages ou emboîtages,* reliures légères, qui permettent de conserver provisoirement les fascicules d'un ouvrage, en cours de publication, en attendant qu'on lui donne sa reliure définitive.

Les personnes qui reçoivent de nombreuses revues périodiques se trouveront bien de ces emboîtages qui préserveront les numéros, en cours de lecture, de toutes sortes d'accidents.

La reliure pleine et la demi-reliure peut être : à *nerfs*, à la *grecque*, à *dos plein* ou à *dos brisé*.

Dans la reliure à nerfs les ficelles sur lesquelles les cahiers sont cousus font saillie sur le dos. Dans la reliure à la grecque, ces ficelles étant cachées dans les incisions faites au dos du volume, avec une scie à main nommée grecque, ne sont pas visibles sur le dos, mais il arrive souvent qu'on applique de faux nerfs pour donner à la reliure un certain cachet de solidité et de style. Dans la reliure à dos plein, la peau est directement fixée sur les cahiers; et dans celle à dos brisé, elle est fixée sur un faux dos, en carte, n'adhérant qu'aux cartons ou aux bords du dos.

Une reliure bien faite doit réunir l'élégance à la solidité et à la légèreté ; le volume doit s'ouvrir facilement et doit rester ouvert sur la table à n'importe quelle page; lorsqu'il est fermé, la couverture et les feuilles doivent former un tout, bien uni, sans bailler ni se séparer à aucun endroit; le dos doit se briser facilement sans conserver la marque de la brisure.. Les marges intérieures doivent être bien visibles et les marges extérieures rognées le moins possible et bien également.

Certains amateurs, par un excès de zèle mal entendu, s'empressent, dès qu'ils ont fait l'acquisition d'un volume qu'ils désirent conserver, de le faire relier aussitôt. Or, il arrive souvent, comme l'encre d'imprimerie est très longue à sécher, que les pages marquent les unes sur les autres au battage qu'on leur fait subir, ce qui enlève toute valeur au volume. Lorsqu'il s'agit d'un livre auquel on attache du prix, il faut le garder broché au moins un an ou deux avant de le faire relier. Si l'on tient que les pages ne soient pas émargées, on pourra se contenter de rogner et de dorer la tranche supérieure, ce qui est indispensable pour empêcher la poussière de pénétrer dans les feuillets et de salir le volume.

Nous allons, maintenant, passer en revue les différentes opérations du relieur amateur, négligeant tout ce qui pourrait compliquer ce travail, qui doit rester pour nos lecteurs un travail d'agrément, dans lequel il pourront, s'ils le désirent, déployer toutes leurs aptitudes artistiques.

II

DU PLIAGE ET DES FORMATS
DU PAPIER

Bien que l'opération du pliage des feuilles, à la sortie de l'imprimerie, n'incombe guère à un amateur, nous en dirons cependant quelques mots, pour ceux que cela pourrait intéresser, et aussi pour permettre de rectifier la pliure qui est souvent défectueuse dans beaucoup d'ouvrages brochés, et surtout dans les revues et journaux. Dans ce dernier cas, on est obligé de déplier les feuilles pour les plier à nouveau et selon les règles.

Lorsque un volume sort de chez l'imprimeur, il se trouve en feuilles à plat. Le format du volume varie suivant la dimension des feuilles de papier sur lequel est l'impression et du nombre de plis que l'on devra donner à ces feuilles.

Nous ouvrons ici une parenthèse, pour donner à nos lecteurs quelques indications pratiques sur le papier.

Le papier se vend, en gros, par unités de 100 kilos; on l'achète, en détail, à la rame, à la main ou à la feuille. La rame contient 20 mains de 25 feuilles, soit 500 feuilles; la main de papier de Hollande n'a que 24 feuilles. Les papiers à lettres sont coupés et divisés en cahiers de six feuilles, vingt de ces cahiers font une ramette.

Les papiers dont l'usage est le plus répandu sont les suivants :

PAPIERS	LARGEUR	HAUTEUR
Grand Monde (pour cartes, dessins).	1ᵐ994	0ᵐ870
Grand Aigle (pour cartes, dessins)..	1 014	0 688
Grand Soleil (grav. ouvrages)	1 »	0 690
Colombier (dessins, volumes)......	0 900	0 600
Grand Jésus (dessins, volumes)....	0 720	0 560
Jésus ordinaire (volumes).........	0 640	0 500
Cavalier (volumes)..............	0 600	0 450
Double Cloche (écriture).........	0 580	0 390
Carré (écriture-volumes)	0 560	0 450
Coquille (écriture)...............	0 560	0 440
Ecu (écriture)...................	0 530	0 400
Couronne (écriture-volumes)......	0 460	0 360
Teillière (papier Ministre)........	0 450	0 350
Pot ou Ecolier (écriture).........	0 400	0 310
Cloche de Paris (écriture)........	0 390	0 290
Petite Cloche Normande (écriture)	0 360	0 260
Procureur......................	0 360	0 265

Le *papier de Chine* est le papier avec lequel on obtient les plus belles reproductions de gravures et de lithographies. Il a un recto et un verso qui se distinguent facilement à ce que l'envers offre un grand

nombre de parties filamenteuses et pelu-
cheuses ainsi que de petites lignes cour-
bées. Ce papier est fait avec la deuxième
pellicule de l'écorce du bambou ou du mû-
rier réduite en pâte avec la paille de riz ou
la pellicule intérieure des cocons.

Le *papier du Japon* est très solide et
très fin, soyeux, légèrement teinté en jaune. Les bibliophiles recherchent les ouvrages imprimés sur papier provenant des
manufactures impériales du Japon.

Le *simili-Japon*, de fabrication française, est d'un prix beaucoup moins élevé que
le Japon authentique, et, seuls, les con-
naisseurs peuvent distinguer l'un de l'autre.

Le *papier vélin* est un papier à écrire
dont la blancheur et l'uni rappellent le
parchemin. Il a été inventé au dernier siè-
cle, en Angleterre, par Baskerville.

On reconnaît le *papier couronne* à la marque intérieure de la pâte, qui figure une couronne.

On appelle *papier coquille*, une qualité de papier à écrire qui, dans le filigrane, porte pour marque une coquille.

Le *papier cavalier* est un papier d'impression dont le format est entre le carré et le grand raisin.

Le *papier grand Jésus*, employé à cause de sa dimension, pour les ouvrages d'un grand format et pour l'impression des gravures, a été ainsi appelé parce qu'il portait primitivement pour marque les lettres I. H. S., premières lettres du nom de Jésus en grec.

On désigne sous le nom de *format*, la dimension d'un livre, déterminée par la manière dont la feuille imprimée est pliée:

la feuille donne par suite un nombre de *pages* double du chiffre qui sert à la déterminer. On nomme *format atlantique* ou *in-plano*, celui qui a toute l'étendue de la feuille, largeur et hauteur. On s'en sert pour les atlas et les gravures. Dans le format in-folio ou in-f° 4, la feuille est pliée en double et a 4 pages; l'in-quarto ou in-4°, en a 8; l'in-octavo ou in-8°, en a 16; l'in-douze ou in-12, en a 24; l'in-seize ou in-16, en a 32; l'in-dix-huit ou in-18, en a 36; l'in-vingt-quatre ou in-24, en a 48, etc.

Comme la dimension des feuilles est aujourd'hui très variable, ces dénominations n'ont plus un sens absolu.

Il faut donc retenir de ces explications, que ce n'est pas la grandeur du papier qui constitue le format d'un livre, mais le nombre de pages qui figurent de chaque côté de la feuille avant le pliage, ce qui donne après cette opération, un **nombre égal de feuillets.**

Pour placer chaque feuille d'imprimerie dans l'ordre qui lui convient, il faut vérifier la *signature,* c'est-à-dire la lettre ou chiffre mis au bas de la première page de la feuille d'impression pour en indiquer la place au brocheur ou au relieur. Assez souvent, cette signature comprend le titre de l'ouvrage, suivi du numéro du tome, s'il en comporte plusieurs et d'un numéro d'ordre.

C'est à la signature et à l'emplacement successif qu'elle occupe dans le corps du volume qu'on reconnaît le format du livre, et en comptant le nombre de pages qui sépare chaque lettre alphabétique ou chaque nombre, on voit de suite si c'est un in-4°, un in-8° ou un in-12, etc.

etc., si à la neuvième, à la dix-septième ou à la vingt-cinquième page, la signature reparaît dans l'ordre voulu.

Pour obtenir un pliage correct, il faut : faire usage d'un plioir frottoir, sorte de couteau à papier, en fer ou en bois, qui sert à plier les cahiers; poser chaque feuille, l'une après l'autre sur une table bien unie ou un fort carton et la disposer de manière que les lettres soient à rebours et que le côté portant la signature soit du côté de la table et en haut à droite. La première opération consiste à étendre la feuille, à l'aide du plioir, afin qu'il n'existe aucun faux pli, et à ramener la page ou les pages numérotées sur celles qui correspondent numériquement.

Le pliage de l'in-folio, de l'in-quarto et de l'in-octavo ne présente aucune difficulté même pour un novice. Il n'y a guère que l'in-douze qui nécessite quelques complications supplémentaires.

La feuille in-douze, qui contient 24 pages, a ceci de particulier, qu'en plaçant la feuille imprimée devant soi, en sorte que la signature soit tournée contre la table, à gauche et en haut, les pages sont disposées par colonnes de trois dans le sens de leur hauteur, le long du grand côté de la feuille et par rangées de quatre dans le sens de leur largeur le long du petit côté et qu'une bande de 4 pages recto et verso est séparée des autres par un plus grand espace et une ligne de points qui indique l'endroit précis où l'on doit couper la feuille avec le plioir. Ces quatre pages détachées sont pliées comme l'in-octavo, et, dans le cahier ainsi formé, on place le cahier de huit pages, formé par la bande supérieure. **On** nomme *encart* ou *encartage* ce cahier ainsi intercalé. Pour la couture, le travail est donc absolument le même que si la bande du haut se rabattait sur celle du milieu sans être coupée.

Comme l'imprimeur a tout intérêt à tirer le plus grand nombre de pages sur une même feuille, afin de simplifier le tirage, on fait le plus souvent usage de formats doubles qui donnent à l'impression un nombre double de pages. Ainsi, au lieu de l'in-12, qui ne donne que 24 pages à la feuille, on emploiera pour les grands tirages de romans, l'in-18 qui donne 36 pages à la feuille; mais, alors, le format du papier employé est augmenté, afin de conserver au volume, par le pliage, le format de l'in-douze.

III

BROCHAGE ET DÉBROCHAGE

Le brochage peut avoir un très grand
intérêt pour l'amateur, car il permet de
réunir en volumes, les fascicules d'un ouvrage plus ou moins important, qu'on
compte relier ou faire relier plus tard; de
même, pour les numéros d'une revue, d'un
journal, d'un feuilleton, etc., pour lesquels
les éditeurs encartent dans le dernier numéro trimestriel, semestriel ou annuel une
couverture provisoire, qui donne plus d'é-
légance à votre brochage.

Le premier travail du brocheur, tel que

nous l'envisageons, consiste à vérifier si les cahiers sont bien placés à la suite l'un de l'autre, selon la série des signatures, et si tous appartiennent bien au même volume ou au même ouvrage. Par défaut, dans le pliage, l'ordre de la pagination peut être défectueux, il faut donc se rendre compte si la signature se trouve bien au bas de la première page de chaque cahier, sinon il faudrait les replier, de nouveau, et les replacer dans l'ordre qui leur convient 1, 2, 3, 4, 5, 6, 7, etc., jusqu'à la fin.

Lorsque tous les cahiers sont réunis selon les règles et bien collationnés, on pose le tas sur le côté gauche de la table, le premier cahier en dessus. On prend ensuite, de la main gauche, ce premier cahier, on le couvre d'une *garde*, c'est-à-dire d'une feuille de papier que l'on place, au commencement et à la fin du volume, pour ga-

rentir le premier et le dernier feuillet, et
on le renverse sur la table, de manière que
la garde touche la table et que la première
page soit immédiatement au-dessus d'elle.
Cette disposition a son importance, parcequ'elle permet de coudre la garde en même
temps que le second cahier. L'utilité de la
garde n'échappera pas à nos lecteurs, car
elle permet de rendre la feuille de papier
de couleur qui constitue la couverture, ad-
hérente avec le volume, plus résistante et
plus solide. On procédera de même, avec
le dernier cahier, pour la pose de la seconde garde. (Fig. 1.)

Pour la couture d'un volume broché, on
se sert d'une longue aiguille recourbée,
munie d'une aiguillée de bon fil, on perce
la feuille du dehors au dedans à un tiers
environ de la longueur du livre; on tire
le fil en en laissant déborder environ deux

pouces; on fait au second point du dedans
au dehors, à un ou deux pouces du pre-

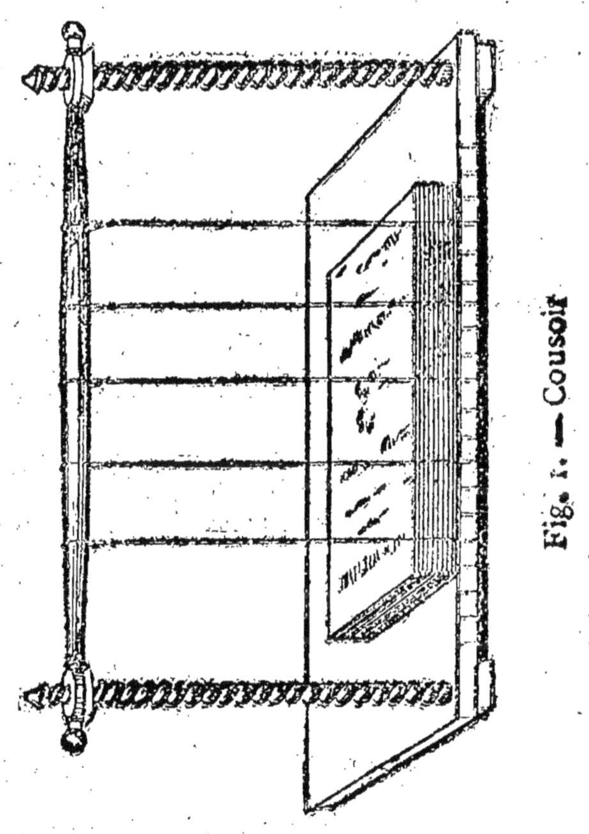

mier, selon le format, on tire le fil au dehors, sans déranger le bout qui passe. On

pose ensuite le second cahier sur le premier, en le retournant sans dessus-dessous comme le précédent, en faisant en sorte que les deux cahiers concordent bien par la tête; on pique l'aiguille du dehors au dedans dans ce second cahier, vis-à-vis du trou inférieur du premier, et on pique un second trou du dedans au dehors vis-à-vis du premier trou; enfin, on tend le fil et on le noue solidement avec le bout qu'on a laissé passer.

Lorsqu'une feuille est coupée en plusieurs cahiers, comme l'in-douze et l'in-dix-huit, chaque cahier a sa signature, ce qui empêche toute confusion dans le classement et le pliage.

Il y a deux manières d'imposer la feuille in-douze : ou bien le petit cahier doit être encarté dans le gros, ou il forme cahier séparé; la signature indique toujours cette disposition. Lorsque le cahier doit être encarté, la signature qui se trouve au bas de la 17ᵉ page est la même que celle qui se trouve à la première page du gros cahier; elle est seulement différenciée par des points ou une étoile, de sorte que si la signature est 1, l'encart porte 1 ∷ ou 1*; si la signature est A, l'encart porte A1, et ainsi de suite. Si le cahier ne doit pas être encarté, chaque cahier porte une signature différente, et selon l'ordre numérique ou alphabétique; ainsi le gros cahier de la première feuille porte 1 ou A et le petit cahier de la même feuille porte 2 ou B. Le volume a, par conséquent, le double de cahiers qu'il n'a de feuilles, c'est ce qu'on *appelle mettre le feuilleton en dehors*, et ce petit cahier, comme sa signature l'indique, se place à la suite du gros cahier.

Comme on le voit, le pliage des feuilles

ne demande qu'un peu d'observation et de pratique. En dépliant un volume broché, qu'on destine à la reliure, on se rendra facilement compte de ce petit travail, et c'est ce que nous pouvons conseiller de mieux pour compléter nos indications.

Après avoir lié ensemble les deux premiers cahiers, on pose le troisième cahier sur le second, comme il a été dit précédemment, en veillant à ce qu'ils concordent bien par la tête; cela fait, on pique son aiguille, et on fait les deux points comme pour le premier cahier et vis-à-vis des trous pratiqués aux deux premiers, afin que la couture soit bien bien perpendiculaire sur la table et ne dévie point. On tend, ensuite, le fil et on ne coud le quatrième qu'après avoir passé son aiguille entre le point qui lie le premier cahier avec le second, afin de lier celui-ci avec les cahiers précédents. Cet entrelacement, qui donne de la solidité à l'ouvrage, se nomme *chaînette*. On continue de même jusqu'au dernier cahier, auquel on ajoute une seconde garde, comme il a été dit pour la première, mais cette fois, on la place en sens inverse. (Fig. 2.)

Fig. 2. — Couture en chaînette

Ce travail terminé, on passe, avec un pinceau, une large couche de colle de farine sur le dos du volume, on colle, avec la même pâte, la feuille de papier de couleur qui doit servir de couverture au volume, et l'on passe de nouveau de la colle sur le dos. Alors, on pose le dos à plat sur le milieu de la feuille collée, on retire les deux côtés de la feuille sur les *gardes* sans les y appliquer avec force, mais on appuie fortement sur le dos pour bien faire adhérer le papier. Cela fait, on pose le livre à plat sur la table, la tranche devant soi, et on tire avec précaution avec les doigts, sans déchirer le papier, afin qu'il soit bien tendu sur le dos, et enfin sur la garde. On retourne le livre, et on opère de même sur l'autre côté; on laisse sécher à l'air, sans le mettre sous presse, si c'est pour le commerce, afin de lui donner plus d'apparence, car la pression des volumes placés les uns sur les autres, en piles, suffit pour empêcher la déformation que pourrait produire la dessiccation. Quand le collage est fini, on place un poids sur chaque pile de livres, afin qu'ils prennent une forme correcte.

La dernière opération du brocheur consiste à ébarber les volumes, avec de gros ciseaux, car il arrive que les bords de certaines feuilles dépassent les plis des feuilles intérieures, ce qui est très disgracieux.

Bien que certains relieurs se servent du *cousoir*, usité d'ordinaire dans la reliure, pour le simple brochage, nous pensons que le procédé que nous venons de décrire est plus à la portée des amateurs, et de ceux qui n'aiment pas les complications.

Le *débrochage* est l'opération la plus courante du relieur qui, le plus souvent, est appelé à relier un livre déjà broché. Pour effectuer ce travail, on enlève la couverture, principalement sur le dos, on détrempe les parties où la colle aurait trop de prise, on force le dos, à contre-sens, pour qu'il soit plus facile de couper la chainette et de séparer les cahiers, ce qui se pratique avec un couteau bien aiguisé.

Pour l'amateur, également, c'est au livre broché qu'il donnera ses soins de relieur, heureux de conserver sous une forme durable l'ouvrage qui l'a intéressé et qu'il destine à sa bibliothèque. Voici donc comment il procédera pour achever l'œuvre du brochage et faciliter celle de la reliure.

Lorsque le volume broché est complètement décousu, sans rien déranger à l'ordre des cahiers, on doit poser le volume sur la table, le titre en-dessous, et, de la main droite, ouvrir successivement les cahiers par le dos, en maintenant le tas de la main gauche, en les écartant assez pour lire la signature du premier cahier qui porte la première signature du volume, et se rendre compte s'ils se succèdent dans l'ordre voulu et si chaque cahier appartient bien au même volume. S'il y a manque ou erreur, on suspend le travail, et on recherche la feuille qui fait défaut, ou on modifie le pliage, s'il ne s'agit que d'une pagination défectueuse.

Lorsqu'un ouvrage comporte des tableaux ou des planches à intercaler dans le texte, il faut se rapporter aux indications imprimées qui figurent ordinairement à la tête du volume, afin de les placer conformément aux intentions de l'auteur.

Dans un ouvrage déjà broché, il n'est pas besoin, le plus souvent, de s'inquiéter du mode de classement et du montage sur onglet des cartes, gravures, tableaux, etc., qui figurent dans un ouvrage, puisque ce travail a été fait par la brocheuse. Néanmoins, comme il peut arriver qu'on se trouve en présence d'un livre en feuilles, ou qu'on désire agrémenter un volume intéressant, de gravures ou cartes s'y rapportant, afin d'en rehauser la valeur, il sera intéressant de savoir comment on doit les classer ou les grouper à la fin du volume, ou les monter séparément sur onglet.

On nomme *onglet* une petite bande de papier qu'on laisse à une feuille pour y coller dessus une carte, planche, gravure, etc. Il arrive, parfois, qu'au lieu de faire un onglet, on laisse une petite largeur, sur la marge intérieure du feuillet précédent, qu'on replie et sur laquelle on fixe la gravure, au lieu de la coller à même sur la marge intérieure suivante, ce qui n'est jamais bien correct et exige une grande attention.

Nous conseillons donc le montage sur onglet, toutes les fois qu'il s'agira de la conservation d'un volume auquel on attache un certain prix, et surtout lorsqu'on a de grandes planches, cartes ou tableaux pliés, à insérer dans le volume.

Pour l'onglet, on coupe une petite bande papier double, de la même hauteur que le volume, large seulement de quelques centimètres, dont on colle une moitié à une des feuilles adjointes, et, sur la bande restante, on colle la gravure elle-même. Ce procédé permet d'éviter de coller la gravure directement sur la feuille.

Il est évident qu'avant de songer à fixer

les planches ou gravures, dans un livre, il aura fallu s'inquiéter de les couper à l'aide de l'équerre, afin que le sujet se trouve bien d'aplomb et en harmonie avec le texte et les marges correspondantes.

Ce travail terminé, on procédera au *battage*.

Comme le mot l'indique, le *battage* consiste à battre les feuilles d'un volume, à l'aide d'un marteau spécial, dont la tête en fer est large de dix centimètres, arrondie ou carrée, afin de les rendre parfaitement planes et unies. La conformation de ce marteau, à manche court, est très bien comprise et permet à l'ouvrier de se livrer à son travail sans appréhension de se blesser.

Avant de commencer le battage d'un livre, il faut s'assurer que l'impression est parfaitement sèche, sans quoi les caractères se brouillent, font tache et le texte devient illisible, ce qui enlève toute valeur à l'ouvrage. Pour cela, un relieur n'a qu'à sentir le papier, et, s'il s'en dégage encore la moindre odeur d'huile provenant de l'encre d'imprimerie, il reculera cette opération. Lorsqu'il y a urgence de relier des volumes fraichement imprimés, on peut les faire sécher dans un four, mais cela expose parfois à faire jaunir le papier, le mieux serait d'intercaler entre chaque page des feuilles de papier non encollé, qui absorberait l'excès d'encre.

Pour battre un livre dont les feuilles sont pliées, il faut commencer par secouer le volume sur la pierre à battre ou bloc de marbre par le dos et par le haut, afin d'en bien égaliser les cahiers, ensuite on divise le volume en autant de parties, qu'on nomme battées, qu'il est nécessaire pour

obtenir un travail plus ou moins soigné.
Pour ce travail, qui demande de l'adresse
et de la force, il faut éviter de se tenir en
face de la pierre les jambes écartées, et
ne pas exagérer ses efforts. Il suffit d'avoir
la force de soulever constamment le mar-

Fig. 3. — Marteau de relieur

teau de la main droite et de le laisser re-
tomber presque de lui-même bien parallèlement à la surface de la pierre, tandis que
de l'autre main on tient la battée. (Fig. 3.)
Le premier coup de marteau se donne

au milieu de la feuille, le second et les suivants se donnent en tirant la battée à soi, mais de manière que le coup qui suit tombe sur le coup qui précéde au tiers de sa distance, afin que le coup suivant couvre des deux tiers le coup précédent, ce qui permet d'éviter les bosses.

Pour compléter votre instruction, relativement au battage, nous vous engageons à voir opérer un relieur et vous saisirez plus vite le tour de main qu'exige ce travail, par cette leçon de choses, que par toutes nos explications. Comme en séparant les battées et en les martelant en dessus et en dessous, on risque de déranger les cahiers et d'intervertir leur ordre, il est prudent de faire un nouveau collationnement rapide. Lorsqu'on ne dispose pas d'un marteau spécial de relieur, ni d'une pierre à battre, on peut y suppléer, en partie, avec un gros marteau de forgeron et une plaque de fer qu'on fixera sur une forte table. Chez nos grands relieurs, ce travail se fait aujourd'hui à l'aide de laminoirs. L'écartement des cylindres se règle à volonté, ce qui permet de laminer des cahiers de l'épaisseur qu'on désire.

Un amateur peut, avec une bonne presse à copier ou autre, obtenir de bons résultats et s'éviter un battage souvent défectueux chez les novices, en disposant des battées de même hauteur, entre deux planches rabotées, et en donnant une pression uniforme.

Si l'on ne dispose pas d'une presse quelconque, il faut placer les battées rendues bien planes, entre deux *ais* de la grandeur du volume, les mettre à la presse les unes sur les autres, les bien serrer et les y laisser au moins quatre heures. (Fig. 4.)

Pour les éditions de luxe, il est préférable d'attendre que le battage du livre soit fait, avant d'y introduire les planches et

Fig. 4. — Presse ordinaire

gravures, que cette opération risque de gâter, malgré l'intercalation, qui se pratique quelquefois, de papier Joseph.

Toutes ces opérations préliminaires terminées, on réunit les cahiers soigneusement collationnés, en volumes, et on se dispose à les coudre, puis à les relier.

IV

DES DIFFÉRENTS MODES DE COUTURE DU LIVRE

La couture d'un livre est, sans contredit, ce qui embarrasse le plus le relieur-amateur, et ce n'est pas tout à fait sans raison, car, pour qu'une reliure soit solide et de durée, il faut que les feuilles et les cahiers soient solidement assemblés. Il ne faut pas cependant s'exagérer les difficultés et nous espérons démontrer que ce travail est à la portée de tout le monde et n'exige pas un long apprentissage.

L'instrument, dont se servent les relieurs pour ce travail, se nomme *cousoir*.

Il est d'une simplicité telle que quiconque sait un peu travailler le bois peut s'en construire un, à peu de frais. Il se compose d'une planchette de sapin ou de hêtre de 25 millimètres d'épaisseur, d'environ un mètre de long, sur 60 centimètres de large. Cette planche repose sur deux traverses de 5 à 6 centimètres de large ou sur quatre pieds, arrêtés au bas par deux traverses dans lesquelles une barre est assemblée à tenons et mortaises. Dans les traverses et dans la planchette s'encastrent deux colonnettes tournées qui montent à droite et à gauche de la planche. D'autre part, une baguette transversale ronde, de trois centimètres de diamètre environ, mais aplatie, et élargie à ses extrémités qui sont percées d'une ouverture circulaire, peut monter et descendre, suivant les besoins, le long des colonnettes tournées. On maintient fixe la baguette transversale au moyen de deux écrous en bois tournés intérieurement au pas des colonnettes, ce qui permet de fixer à volonté, bien horizontalement et à la hauteur voulue, la barre transversale. Le bord de la planche, situé entre les deux colonnettes, est percé de part en part, de petits trous par où l'on passe des ficelles qui, d'une part, sont nouées en dessous de la planchette, au moyen de gros nœuds, et d'autre part, fixées perpendiculairement à la barre transversale par une boucle. Leur nombre varie suivant la hauteur du volume.

Un volume peut être cousu de plusieurs manières : 1° *A la grecque,* qui est la manière la plus courante et la plus simple comme exécution, avec point devant ou derrière; 2° Sur nerfs simples ou doubles; 3° Sur ruban.

A la grecque. — Le grecquage est une opération qui consiste à faire des entailles, sur le dos d'un volume préalablement fixé et serré dans un étau, avec une scie à main spéciale, dont la grosseur varie suivant le format des volumes; entailles qui serviront à loger les ficelles qui doivent servir de points pour les fils de la couseuse.

Voici comment on procède. Après avoir bien secoué le volume par le dos et par le haut, afin d'égaliser les cahiers, on le place entre les deux ais, en laissant dépasser un peu le dos; on met le tout à la presse et l'on serre légèrement. Comme les ais sont plus épais du côté du dos que du côté de la tranche, ils serrent davantage le dos et le tiennent plus assujetti. Ensuite, avec la scie à main, qui sera plus ou moins épaisse, suivant la grosseur de la ficelle employée, on fait des entailles d'égale profondeur, en tenant compte du diamètre de la ficelle. On donne autant de coups de scie, également espacés entre eux, qu'on veut mettre de ficelles, et, au-dessus de la première grecque, comme au-dessous de la dernière, on donne un petit coup de scie pour loger la chaînette.

L'usage de la scie demande une certaine expérience, car si l'on fait des entailles trop profondes elles paraissent à l'intérieur du volume et risquent de compromettre sa solidité. A cet effet, il est très important que la scie soit toujours dirigée bien parallèlement à la surface de la presse, sans quoi les entailles seraient plus profondes d'un côté que de l'autre, et le travail serait défectueux. Malgré les inconvénients du grecquage, il est aujourd'hui adopté partout, parcequ'il facilite le cou-

page; en effet, l'aiguille passant, sans ef-
fort, dans les trous ainsi préparés, la vi-
tesse du travail est presque triplée.

Comme en dehors de l'économie de
temps, le grecquage a pour but de rendre
le dos du volume égal et uni, on devra, au
moment de faire les entailles, s'assurer de
la grosseur du fil, afin qu'elles soient assez
profondes pour le dissimuler complètement.

Il y a plusieurs manières de coudre : 1°
à point devant et à point arrière; 2° à un
ou plusieurs cahiers.

Pour comprendre ces deux genres de
points, il faut se mettre à la place de l'opérateur, lequel ayant le cousoir devant lui,
voit le livre de dos et appuyé contre les
ficelles. Il passe donc son aiguille, dans le
trou indiqué pour la chaînette, du dehors
en dedans, et laisse un bout de fil dépasser.

Ce premier point est le même pour les deux cas, mais la manière dont on passe ensuite l'aiguille fait varier les deux sortes de points.

Pour le *point-devant*, on sort l'aiguille du dedans au dehors, à côté de la ficelle vers sa droite, laissant la ficelle sur la gauche; on la rentre du dehors au dedans, en laissant la ficelle sur sa droite, de sorte que le fil n'entoure la ficelle que de la moitié de sa circonférence, et on continue ainsi pareillement.

Pour le *point-arrière*, on le commence de même par la chaînette, mais lorsqu'on arrive au nerf, on embrasse la ficelle, c'est-à-dire qu'on pique son aiguille du dedans au dehors, de manière à laisser la ficelle sur sa droite; ensuite, on la pique du dehors au dedans, en faisant le tour de la ficelle, qu'on laisse sur sa gauche, en sorte que le fil, dans ce second cas, fasse tout le tour de la ficelle.

Ces explications données, relativement aux points, voici comment on coud le volume.

Lorsque la reliure doit être à la grecque, on coud point arrière l'onglet ou *sauvegarde*, la garde et le premier cahier; tout le reste est cousu point devant, excepté le dernier cahier, la garde et la sauvegarde.

Un volume à gros cahiers et mince, doit toujours être cousu tout du long, afin de laisser plus de dos, et de rendre le volume plus solide. Il faut agir de même, lorsqu'un seul cahier contient des gravures, cartes ou tableaux.

Si l'on veut coudre à deux cahiers, on place deux ou trois ficelles. Supposons qu'il n'y en ait que deux : on coud d'abord le premier cahier en entrant d'abord l'aiguil-

le dans le trou de la chaînette, on la sort
par la première ficelle en dehors, on place
le second cahier, on entre l'aiguille par le
trou de la première ficelle en dedans, c'est-
à-dire que le fil embrasse la ficelle avant
d'entrer dans le second cahier, puis l'aiguille sort par le trou de la seconde ficelle
en dehors, ensuite il entre dans le premier
cahier après avoir embrassé la ficelle, et
sort par le trou de la chaînette. On recommence le train de deux cahiers en allant de
gauche à droite.

Lorsqu'on coud à deux cahiers et à trois
ficelles, on opère de même, avec cette dif-
férence que le second cahier est plus solide
parce qu'il est retenu par les deux feuilles.

Si l'on veut coudre à trois cahiers, on
place quatre ficelles au cousoir, alors le
premier cahier est pris depuis la chaînette
jusqu'à la première ficelle; le second, de la

première ficelle à la seconde; le troisième, de la seconde à la troisième; ensuite, on reprend le premier de la troisième ficelle à la quatrième, et le second de la quatriè-me ficelle à la chaînette de la queue, de sorte que le troisième cahier n'est pris qu'une seule fois, aussi a-t-on bien soin de grecquer cette distance plus large que les autres. Ce moyen n'est employé que rarement et lorsqu'on a à coudre, par exemple un in-quarto à feuilles simples, et plus le volume serait grand, plus il faudrait aug-menter le nombre de ficelles pour assurer plus de solidité.

Voici, résumée, l'opération du cousage, avec démonstration figurée. L'amateur placé de côté, comme l'indique notre des-sin, tient à sa portée les cahiers du volu-me empilés l'un sur l'autre et dans lesquels on a pratiqué, avec la scie, les entailles né-

cessaires. Il place la première feuille, for-
mant cahier, sur le cousoir, de manière à
emboîter les cordelettes perpendiculaires
dans les entailles. De la main droite, il
tient, légèrement ouvert, le cahier, en appuyant légèrement sur le dos, afin que les
ficelles restent bien en place dans les entailles; puis, avec une aiguille garnie de
fil, il enfonce une aiguille garnie de fil de
dehors en dedans par la première entaille
de droite où doit se loger la chaînette, tout
en laissant un bout libre, puis fait ressortir son aiguille de dedans en dehors par
l'entaille suivante à droite de la ficelle,
qu'il entoure ensuite; pousse l'aiguille par
la même entaille à gauche de la ficelle de
dehors en dedans, de manière que le fil
n'entoure la ficelle que sur la moitié de sa
circonférence. Il fait de même sortir son
fil par l'entaille suivante, en opérant vers

la gauche, entoure la ficelle, rentre par la même entaille pour ressortir par l'autre entaille de chaînette, située à l'autre extrémité, du côté gauche. (Fig. 5.)

Fig. 5. — Scie à grecquer

Tandis que la main gauche manie l'aiguille, la droite tire le fil, le tend bien, afin
qu'il serre bien les ficelles. Le fil se trou-
vant sorti à l'entaille de gauche de chaînette, l'amateur prend un second cahier
qu'il place sur le premier, les entailles cor-
respondant bien au précédent, et fait pénétrer l'aiguille du dehors en dedans par
l'entaille au trou de la chaînette de ce second cahier, sort par l'entaille suivante à
gauche de la ficelle et rentre à droite dans
le même trou après avoir entouré la moitié de la ficelle. On fait de même, avec l'entaille suivante, en gagnant la droite, pour
ressortir enfin par la dernière encoche.
Cela fait, on ferme le cahier, on le serre
un peu fortement contre les autres, afin
de régulariser le travail.

Enfin, on noue le petit bout de fil qu'on
a laissé dépasser précédemment avec celui

qui sort du deuxième cahier, on serre bien, et on place au troisième cahier qu'on coud comme le premier, mais lorsque le fil sort par le trou de chaînette, à gauche, il faut passer l'aiguille entre le point qui lie le premier cahier avec le second, afin que le troisième cahier soit bien lié avec les deux autres, c'est ce qu'on appelle faire la chaînette. On tire alors fortement sur le fil, on prend un quatrième cahier qu'on coud comme le second, en commençant par le même trou de chaînette, et, lorsque le fil ressort à l'autre extrémité, par l'entaille opposée, on passe le fil dans le point qui relie le deuxième et le troisième cahier, ce qui forme également une chaînette.

On procède de même pour les autres cahiers, et, arrivé au dernier, avant de couper le fil, il faut le fixer au moyen de deux ou trois points à la chaînette, par le trou

dont il vient de sortir. Cela fait, on coupe
les ficelles supérieures à six centimètres
au-dessus du volume, on enlève la baguette de bois qui fermait la fente du cousoir,
on retire les chevilles, on déroule les ficelles et on les coupe, pareillement, à six centimètres. (Fig. 6.)

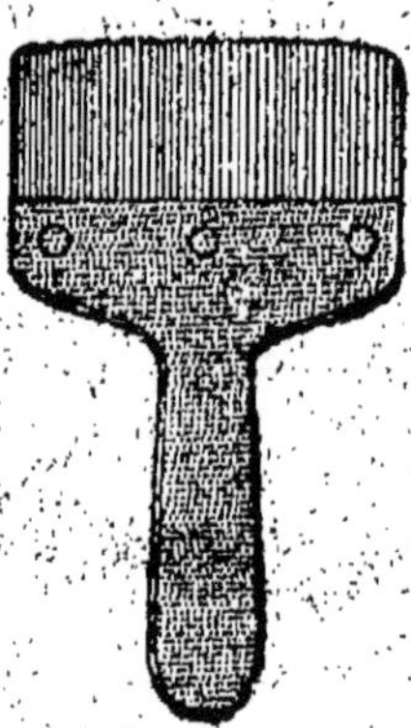

Fig. 6. — Pinceau à coller

Pour maintenir les cahiers cousus, on
passe en colle le volume. Pour cela, on
étale une couche de colle forte sur le dos,

La colle forte qu'on emploiera doit-être de bonne qualité, pouvant se mouiller de beaucoup d'eau ; elle est ainsi plus facile à étaler et donne plus de souplesse que les colles inférieures qui doivent être épaisses pour pouvoir coller et qui ont l'inconvénient de faire casser le volume.

Nous avons dit de laisser dépasser les ficelles, qui ont servi à coudre le volume, d'environ six centimètres de chaque côté, elles vont nous servir à fixer les cartons pour la reliure ; mais, comme elles sont tordues, on ne peut les employer ainsi, car elles feraient saillie sur la couverture, ce qui serait fort laid. Il faut donc les épointer, c'est-à-dire les effilocher.

Tandis que l'encollage du dos sèche, il faut s'occuper de découper les cartons de la couverture. On relève donc au compas et à l'équerre les dimensions dont on a besoin, et plaçant la feuille de carton sur une planche en bois dur, on le divise à l'aide d'une pointe d'acier dont la pointe

Fig. 7. — Pointe à rabaisser

est taillée en pointe, sur quatre faces, comme un grattoir de bureau et qui se monte sur un manche ou fourreau spécial. En reliure on nomme cet instrument *pointe à rabaisser*. Chez beaucoup de relieurs, on se sert d'une machine à couper le carton, ce qui donne une section plus nette et plus régulière. Nous reviendrons sur cette opération. (Fig. 7.)

Couture sur nerfs simples ou doubles ou sur rubans

On nomme *nerfs* les ficelles sur lesquelles on coud les cahiers des volumes, et qui forment de petites éminences dans le genre de reliure qu'on désigne sous le nom de reliure à nerfs. L'espace compris entre deux de ces ficelles s'appelle entre-nerfs, et lorsque ces nerfs ne sont pas apparents, nous avons la reliure à la grecque, dont nous venons de parler.

Pour la couture à nerfs on se contente

de grecquer, c'est-à-dire d'entailler la chaînette et l'on coud point arrière. Il est important de faire remarquer que, pour placer les ficelles dans la couture à nerfs, puisque le volume n'est pas entaillé dans toute la longueur du dos, l'opérateur doit placer sur le cousoir un patron formé d'un morceau de carton sur lequel on a pratiqué autant de coches qu'on désire de nervures, et d'après lesquelles on pourra tendre les ficelles aux distances indiquées. On divise généralement le dos en six parties, celles en tête et en queue, un peu plus grandes que les autres, qui doivent être égales entre elles. Cette division donne plus d'élégance et rompt la monotonie d'une trop grande régularité. D'ailleurs, on s'inspirera de quelques volumes bien reliés, et on comprendra de suite quels sont les modèles à imiter. (Fig. 8.)

Une fois la position des ficelles réglée, on place le premier cahier sur le cousoir, mais, au lieu de faire entrer les ficelles dans des entailles, comme à la grecque, on dispose le cahier de telle façon que ces ficelles se trouvent exactement à l'emplace-

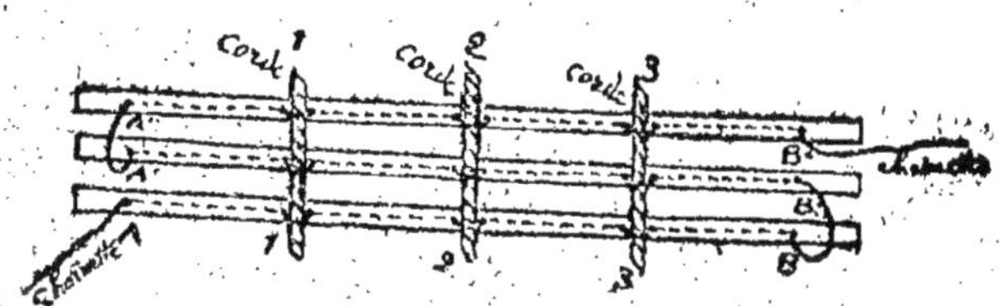

Fig. 8. — Couture à nerfs.

ment indiqué sur le carton qui sert d'indicateur.

Pour la couture, on procède comme il a été déjà dit, soit à un seul cahier, soit à deux ou trois, mais toujours à point arrière, ce qui donne pour résultat que la ficelle devra être entièrement entourée par le fil, puisqu'elle n'entre dans aucune entaille. Ce procédé offre certainement une plus grande solidité que le précédent, mais comme il est plus long et plus coûteux, il tend à n'être utilisé que pour les livres d'une certaine valeur ou qui fatiguent beaucoup, ou dont les marges trop petites interdisent l'emploi de la couture à la grecque, dont les entailles rognent passablement les blancs.

Dans la couture à nerfs doubles, on accouple les ficelles par deux, très rapprochées l'une de l'autre, de manière à former une double nervure. Ce genre de reliure, un peu lourd, ne se pratique guère que pour imiter d'anciennes reliures.

Pour les albums divers, partitions, atlas, etc., en un mot, pour tous les livres qui ont besoin d'être ouvert complètement à plat,

5

on devra employer la couture sur ruban ou lacet. Il suffit pour cela, de remplacer les ficelles du cousoir par des lacets ou rubans de soie de la largeur voulue et l'on coud toujours à point devant.

V

ENDOSSAGE ET ROGNAGE
D'UN LIVRE

Les cartons taillés et rognés, comme il a été dit, à la dimension et de l'épaisseur exigées, sont fixés au volume au moyen des ficelles épointées avant l'endossage. On fait une première série de trous, avec un poinçon et un marteau, en mettant dessous une planche ou quelques vieux cartons, juste en face et à une distance de un demi à un centimètre du bord du carton placé au fond du volume. On retourne le carton, on fait une seconde série de trous en face des premiers, puis, avec un peu de colle de pâte, on tortille, on amincit, l'extrémité de la ficelle, pour faciliter son passage dans les trous.

Lorsque les ficelles sont passées chacune dans les deux trous, on les serre. Posant le carton à plat, sur une plaque de fer, nommée *tas*, ou sur une planchette en bois dur, on tire sur chaque ficelle de façon à la tendre, le volume étant baissé en dehors et tenu avec la main gauche; puis, avec quelques coups de marteau on bouche les trous. On coupe ce qui dépasse des ficelles à un centimètre, et avec de la colle de pâte on applique sur le carton ce petit excédent; enfin, une fois sec on bouche complètement les trous à coups de marteau pour dissimuler l'épaisseur des ficelles. Les cartons bien fixés, on met le volume en presse après avoir rectifié la rondeur du dos qui doit être égale dans toutes ses parties, mais il ne faut rien exagérer dans la courbure pour obtenir une reliure élégante.

Les volumes se mettent en presse entre des ais, mot emprunté à la menuiserie, parce qu'on désignait ainsi, autrefois, des planchettes en bois de cèdre ou d'acajou que l'on mettait comme plats devant et derrière les volumes et que l'on a remplacées depuis par des cartons. Sans exagérer la pression des volumes, il ne faut point négliger de la maintenir le plus longtemps possible. Comme l'amateur ne peut avoir à sa disposition toutes les presses dont dispose le professionnel, nous lui conseillons, comme la plus utile, la presse à rogner, qui peut servir en plus de sa double fonction naturelle, à l'endossage et au grecquage.

Tandis que le volume est en presse, on

pratiquera le frottage du dos avec un frottoir en buis, après qu'il a été préalablement mouillé, pendant dix à quinze minutes, d'une épaisse couche de colle de pâte. Une mousseline est appliquée à la colle forte aussitôt après et une fois le volume sec on fait la rognure.

L'endossage à l'anglaise, très pratiqué de nos jours, a l'avantage d'exiger moins d'habilité professionnelle et de permettre aux volumes renfermant beaucoup de planches, cartes, tableaux ou gravures, etc., de se mieux ouvrir, parce que le dos étant moins fourni que la tranche, il se trouve plus lâche et plus souple. Cet endossage donne beaucoup de facilité pour faire le *mors* indispensable pour bien couvrir les cartons épais.

Au sortir de la couture, le volume présente une surface plus plane du côté du premier cahier que du côté du dernier, parce que le premier étant sans cesse couché sur la table du cousoir, est constamment comprimé par le poids des oiseaux que l'opérateur maintient à plat sur la couture après chaque cahier cousu.

Pour commencer à faire le mors, on place le volume sur le plat de la presse, la tranche devant soi et le premier cahier en dessous. On appuie la main gauche à plat et ouverte sur le volume, le pouce sur la tranche pour former point d'appui; avec les quatre doigts on tire vers soi les feuillets, pendant que de la main droite on frappe avec un marteau sur l'angle du dos, à petits coups, afin de l'arrondir. On place ensuite le volume entre deux membrures garnies de bandes de fer sur leur épaisseur; on fait déborder le volume au-dessus de l'ais, d'une hauteur plus ou moins grande, mais égale de chaque côté, suivant qu'on veut former un mors plus ou moins épais, et suivant la force du carton qu'on emploie. On descend le volume entre les deux membrures dans la presse, presque au niveau de la partie supérieure des membrures; on presse fortement. Alors, on se place au-devant de la presse, et, avec le marteau, on frappe à petits coups sur le bord du dos, des deux côtés, pour former le mors.

Il arrive quelquefois que la colle employée, étant trop forte, on craint de l'écailler en frappant avec le marteau, pour former le mors ou arrondir le dos, dans ce cas, on peut rendre de l'élasticité à la colle, en l'humectant avec une petite éponge légèrement mouillée.

Cela fait, les cartons bien taillés et fixés comme il convient, on les présente sur le volume à la place qu'ils doivent occuper devant le mors, les ficelles relevées ; avec un poinçon, on marque, vis-à-vis de chaque ficelle, un trait de quelques lignes de long dans une direction perpendiculaire au bord du carton sur lequel est collée une bande de papier. On pose le carton sur une planche, le trait en haut, et l'on perce avec le poinçon, et par un coup de marteau, un trou vertical, à une ligne du bord, sur le trait ; on retourne le carton, et dans la même direction du trait, on perce de la même manière un second trou, à une distance d'une ligne et demie du premier, pour un volume in-octavo. Ces deux trous sont suffisants pour passer chaque ficelle.

Pour obtenir un travail plus soigné, on doit chercher à dissimuler le pli de la ficelle dans l'intérieur du carton. Pour cela, on incline le poinçon en faisant le premier

trou, de manière que sur la face supérieure, il se trouve à une ligne du bord, et que
sur la face inférieure, il sorte à une ligne
trois quarts du même bord. Après avoir
retourné le carton, on met la pointe du
poinçon dans le même trou, et on l'incline
de trois quarts de ligne pour qu'il présente
un trou sur l'autre face à une ligne et demie du premier, et dans la même direction
que dans le premier cas. On conçoit très
bien que, grâce à ce procédé, la ficelle passant par ces deux trous qui forment un
trou continu, elle ne paraîtra pas intérieurement.

Après avoir ainsi préparé les cartons,
on effiloche les ficelles, on les encolle, et
aussitôt après les avoir tortillées sur le ge-
nou et sur le tablier, on pique les cartons.
Comme vous n'avez ici que deux trous, il
faut bien tirer la ficelle en poussant le car-

ton vers le mors, pour le bien appliquer contre; on coupe la ficelle à six lignes du dernier trou, et après avoir éparpillé et aplati ce bout de ficelle, on le plie du côté de la queue du volume; on passe dessous un peu de colle de farine avec la pointe d'un couteau, et on le colle dans cette position, en l'appuyant fortement et en le frappant dessus, soit avec le marteau ou la tête d'un poinçon.

Les cartons trop épais, alourdissant la reliure et lui enlevant de son élégance, il faut les choisir assez minces, mais bien laminés et fermes, en tenant toujours compt du format et de l'épaisseur du volume. On peut, à la rigueur, donner au carton un peu plus de résistance, en le battant, et en collant sur chaque surface, à la colle forte, une feuille de papier et en la mettant sècher à la presse.

Si pour la couture on s'est servi, au lieu de ficelle, de ruban étroit en fil ou en soie, dit lacets, il ne faut pas percer le carton avec un poinçon rond comme pour la ficelle, mais se servir d'un poinçon plat, comme le ciseau d'un menuisier, de la largeur voulue. On procède de même qu'avec le poinçon ordinaire et l'on colle le bout sur le carton. On rabaisse au marteau et l'on place, dans le mors du volume, de petites bandes de papier pour former les onglets ou sauve-gardes. Après quoi, on place le volume entre deux ais, avec précaution, et on trempe le dos à la colle de farine, comme on a fait déjà à la colle forte.

Il ne faut pas faire sécher les dos à l'étuve, parce que cela ferait travailler tout le volume et gondoler les feuilles; on les présente, avec soin, devant le feu, ou on les expose au soleil, si l'on est pressé.

Lorsque le volume est complètement sec, on le lisse de nouveau, comme il a été dit, avec le frottoir de buis qui a servi à régulariser la peau et les nervures, et on passe une *légère* couche de colle forte.

En cet état, le livre est prêt pour le *rognage*, qui consiste à ramener les tranches de certains cahiers qui sont plus longues ou plus larges les unes que les autres, aux proportions voulues.

Pour cette opération, on place une bande de carton assez mince entre le carton de derrière et le volume, du côté de la tête pour protéger le carton des atteintes du couteau à rogner, dont le tranchant doit toujours être soigneusement aiguisé, et passé sur la pierre huilée. On *baisse* le carton du devant de la hauteur d'une chasse ce qui équivaut à environ cinq millimètres, pour les formats in-12, des romans ordinaires. On augmentera la chasse pour les plus grands formats. Par baisser le carton, on entend faire glisser celui-ci vers le bas. (Fig. 9.)

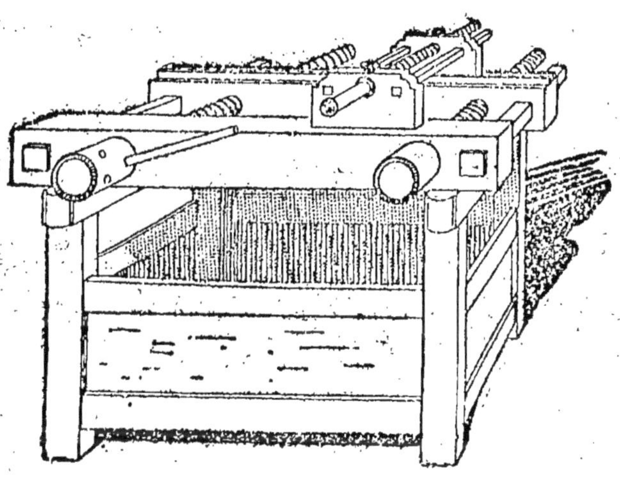

Fig. 9. — Presse à rogner

Le volume ainsi préparé, on le place dans la presse à rogner, le dos vers l'opérateur et le carton de devant à fleur de la jumelle droite de la presse. On serre fortement et on fait glisser le fût qui porte le couteau par un mouvement de va et vient en tournant à péine la vis de façon à rogner très peu à la fois. Le côté tête rogné, on fait la même opération du côté queue, mais on opère autrement pour la *gouttière*.

La largeur des cartons est indiquée sur le volume au moyen d'un trait de crayon. Les cartons sont rabattus, on pose une petite bande de bois de la longueur voulue au ras de la ligne tracée au derrière du volume, une autre bande de bois est également placée au devant, mais plus bas de cinq à six millimètres. On imprime au volume une sorte de balancement qui fait remonter les feuilles du milieu et aplatir le dos; on met le volume en presse, la bandelette de bois de devant au ras de la jumelle droite, celle de derrière, dépassant d'autant que celle de devant, aura été bais-

...sée de quelques millimètres, après quoi on serrera et on rognera.

Une fois le volume rogné, on monte les gardes de couleur. On choisit, pour cela un papier marbré à sa convenance, mais se rapportant, toutefois au sujet du livre, car une marbrure trop fantaisiste ne conviendrait pas à un ouvrage sérieux, et on coupe des morceaux d'une grandeur double du volume et laissant un petit bord dépasser le devant et les côtés. On plie ces morceaux en deux, la partie coloriée en dedans, on trempe le fond à la colle de pâte, sur une largeur de deux centimètres, puis on soulève le cahier de fausses-gardes ou on décolle, si ces fausses-gardes sont collées, et on applique la garde de couleur sur la première garde blanche en la poussant jusqu'au haut du mors. On replace ou on recolle, légèrement, les fausnos-gardes et on laisse sècher; après quelques minutes, on soulève la garde de couleur et on trempe la garde blanche à la colle de pâte, on rabat la garde de couleur bien à plat, et on serre un peu fortement à la presse pour desserrer aussitôt. C'est ce que l'on appelle contre-coller.

Lorsque le collage est bien sec on *ébarbe*. Pour cela, on place une feuille de zinc entre le carton et les gardes et avec la pointe, on coupe, en tête et en queue, ce qui dépasse des gardes de couleur. On opère de même pour la gouttière, mais rien que sur la partie qui a été contre-collée, en laissant dépasser le bord de l'autre partie, bord que l'on replie sur lui-même, afin d'éviter qu'il ne se déchire ou se froisse au cours du travail, car il aura son utilité plus tard.

733

Si l'on désire jasper ou simplement colorer les tranches, ce qui ajoute un certain cachet aux reliures d'amateur, on fera bien de s'en préoccuper avant d'achever de couvrir et de finir les volumes, et nous vous renvoyons pour cela au chapitre suivant.

Le rognage terminé, il ne reste plus qu'à achever la couverture, à poser les coins et à s'occuper de la dorure et de ce qu'on appelle de finissage. (Fig. 10.)

Le frottage du dos et le collage de la mousseline recommandés avant le rognage, ont donné au volume une grande fermeté qui lie intimement, les cahiers entre eux, et donne à l'endossure la consistance nécessaire. Pour donner plus de solidité encore, on colle un ou deux papiers sur le dos, du bon papier de goudron de préférence. Si le volume a été doré en tête, comme cela se pratique pour les ouvrages d'une certaine valeur, auxquels on veut laisser de la marge, on en fait la tranche-filure avant le collage des papiers. On nomme

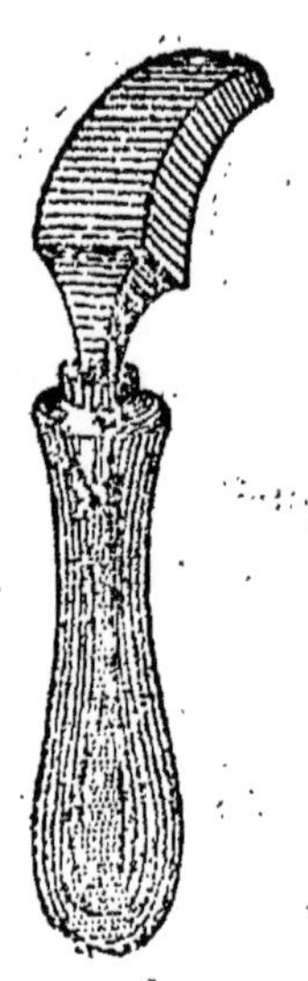

Fig. 10. — Fer à polir le dos

tranche-file une sorte de petite chaînette de soie que l'on place toute faite au dos, en tête et en queue du volume.

Lorsque la tranche-file est posée, et les

collages des papiers bien secs, on coupe les coins, c'est-à-dire que l'on fait une petite entaille aux deux angles des cartons placés du côté du mors. Cette entaille a pour but de faciliter l'ouverture de la charnière à l'endroit du rempli de la peau, en tête et en queue du volume; elle ne se pratique pas sur les volumes couverts en toile. Les ficelles qui fixent les cartons au dos font quelquefois une saillie au dos qu'il faut aplatir avant de coller la peau. S'il existe des parties du carton qui dépassent les tranches du volume, il faut les égaliser avec soin, car le volume se tiendrait mal, sur les rayons des bibliothèques et choquerait la vue.

On nomme *coins*, les angles des cartons qu'on doit garnir pour leur donner plus de solidité. Si la demi-reliure est à coins, ce sera la peau qui servira de garniture et d'ornement. Pour une reliure simple, on mettra ces coins en parchemin, toile, calicot ou percaline, d'une épaisseur peu sensible, afin que le papier de plat la dissimule le plus possible. Les coins bien secs on pare les mors.

La peau qu'on a eu soin de parer du côté de la chair, et de bien partager également de chaque côté du volume, présente toujours de petites différences qu'il faut régulariser. Avec un compas dont on appuie une branche sur le bord de devant du carton, on prend la plus petite largeur de peau que l'on reporte des deux côtés du volume, en haut et en bas du mors ; avec la règle et le plioir on trace une ligne sur les points faits, et avec une lame bien aiguisée on enlève en sifflet le surplus de la peau. On fait de même pour les coins en parchemin, mais sans tracer ; on les bat, en outre, comme les coins de toile, afin de les dissimuler le plus possible.

Le papier de couleur qui sert pour les plats et qui a été coupé suffisamment grand, pour permettre d'être replié à l'intérieur de un à deux centimètres, doit toujours être choisi pour s'harmoniser avec la couleur de la peau.

Les plats d'un volume, c'est-à-dire le papier de couleur coupé de façon à le recouvrir, peuvent être en toile chagrinée, unie ou fantaisie et de différents tons. On les enduit, ce qui se traduit par le mot tremper, en terme de reliure, de colle forte que l'on emploie moins épaisse pour le papier que pour la toile. Le plat trempé est posé au ras de la trace qui a servi de guide pour parer les mors, on l'applique fortement avec les mains; on coupe les coins qui seront fermés, si ceux posés en dessous sont en toile, et ouverts s'ils sont en parchemin.

C'est après le rognage qu'on a du monter les gardes de couleur; une partie a été collée sur la première garde blanche, il faut maintenant coller l'autre partie sur le carton. On présente le papier sur le carton, et, avec un compas, on pointe très exactement la largeur des chasses que l'on veut laisser voir. Celles-ci doivent être à peine plus grandes que celles que l'on a obtenues à la rognure. On place une plaque de zinc dessous la feuille ainsi tracée et on coupe l'excédent avec la règle en fer et la *pointe*. On trempe ensuite à la colle de pâte et on applique définitivement sur le carton en ayant bien soin de frotter la partie du mors qui ne doit plisser aucunement. Après une heure, on peut fermer le volume et le mettre en presse, en plaçant une plaque de zinc ou un carton bien uni de chaque côté, au milieu de la garde de couleur que l'on vient de coller et bien enfoncer dans le mors. Une légère pression de plusieurs heures donnera au volume une facile fermeture.

On peut résumer ainsi les opérations nécessaires pour faire une bonne reliure ordinaire :

1° Débrocher;

2° Retirer les gravures hors texte;

3° Mettre en place, au contraire, en les repliant, s'il en est besoin, les cartes, plans, tableaux, etc.;

4° Mettre les gardes et fausses-gardes;

5° Mettre le volume en presse;

6° Placer les gravures retirées avant la mise en presse;

7° Ebarber le volume, s'il y a lieu;

8° Collationner;

9° Coudre les cahiers;

10° Passer le dos en colle forte;

11° Epointer et effilocher les ficelles;

12° Endosser;

13° Couper les cartons, les doubler de papier sans colle, les rogner à la dimension;

14° Passer en carton, serrer, couper, coller les ficelles, les rebattre;

15° Redresser le dos et mettre le volume en presse, enduire le dos de colle de pâte, un line;

16° Rogner, tête, queue et gouttière d'abord, gouttière ensuite;

17° Teinter ou jasper les tranches;

18° *Apprêt de la couverture;*

19° Mettre un signet;

20° Poser le tranche-file;

21° Coller un ou deux papiers sur le dos. Si le volume doit s'ouvrir avec grande facilité, dos souple, on remplace le papier par une peau assez mince. Couper les coins dans le mors;

22° Faire la carte à nerfs ou sans nerfs;

23° Coller les ficelles en ajustant les chasses;

24° *Couverture* : couper la peau, la parer, la tremper à la colle de pâte, emboîter, remplier et faire les coiffes;

25° *Finissure* : mettre les coins, la peau, parchemin ou toile, parer les mors au plat et les dégager à l'intérieur. Couper les plats, les tremper à la colle forte, les appliquer, les remplier. Dresser les gardes de couleur, les tremper, les coller, mettre en presse. (Fig. 11.)

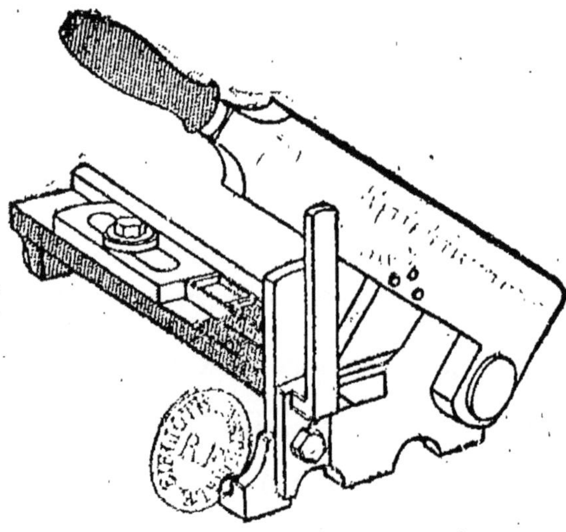

Fig. 11. — Cisaille à rogner

VI

DU JASPAGE, DE LA DORURE
ET DU FINISSAGE

Pour l'amateur, il peut être très **intéressant** de varier, non seulement les papiers
de couleur ou marbrés, de créer des com-
binaisons nouvelles, mais aussi de donner
aux tranches des volumes, des couleurs et
des jaspages qui s'harmonisent avec la
couverture. Les tranches, en couleurs
unies, sont celles par lesquelles il doit commencer son apprentissage, et, peut-être se
borner là, car les tentatives sont coûteuses,
en cas d'insuccès, et à parler franc, nous

croyons que des tranches unies obtenues avec de belles couleurs, peuvent donner satisfaction aux bibliophiles les plus difficiles. Nous ne parlerons donc que de celles-là.

D'après Andrew Ainott, voici les recettes les plus recommandables pour ces teintes unies :

Rouge. — Faites bouillir 225 grammes de bois de Brésil, 64 grammes d'alun, le tout réduit en poudre dans une pinte de vinaigre et une pinte d'eau. Réduisez le liquide à un litre, filtrez-le et gardez en bouteille.

Pourpre. — Faites bouillir de même 225 grammes de bois de campêche, 64 grammes d'alun et un peu de couperose verte, dans trois pintes d'eau jusqu'à réduction entière, et vous obtiendrez une belle couleur qui se conservera. Les rouges font très bien sur certaines reliures, et nous ne saurions trop engager à en étudier toutes les nuances. Avec le vermillon mélangé à un peu de carmin, on réalise des teintes très fines.

Orange. — Faites bouillir dans de l'eau 64 grammes de bois de Brésil en poudre et 32 grammes de graine d'Avignon écrasée. Filtrez et mettez en bouteille.

Brun. — Faites bouillir 125 grammes de bois de campêche et autant de graine d'Avignon dans de l'eau, et si vous désirez foncer votre teinte, ajoutez un peu de couperose verte.

Bleu. — Pour obtenir cette jolie teinte, très à la mode, prenez 64 grammes d'excellent Indigo réduit en poudre fine et que vous mélangez avec une cuillerée à café d'acide chlorhydrique et 64 grammes d'acide sulfurique. Mettez le tout dans une bouteille, et faites chauffer 7 ou 8 heures. On mélange, avec plus ou moins d'eau, pour obtenir la teinte dont on a besoin. On peut aussi se servir du bleu d'outremer et de Prusse.

Jaune. — On fait bouillir dans de l'eau, une petite quantité d'alun, de safran ou de graine d'Avignon, on filtre et on met en bouteille.

Vert. — En mélangeant les deux préparations précédentes, on obtient un joli vert. De même, en faisant bouillir 125 grammes de vert de gris avec 64 grammes de crême de tartre.

Noir. — Cette couleur qui ne s'emploie que pour certains livres de piété, s'obtient avec une première couche d'encre ordinaire, suivie d'une seconde au noir d'ivoire.

Chez beaucoup de petits relieurs français, pour la préparation de ces teintes unies, on se contente d'employer des couleurs en poudre, plus ou moins fines, qu'on écrase à la molette, sur un morceau de marbre, et qu'on délaie avec un peu de colle de farine assez liquide, mélangée ensuite de quelques gouttes d'huile et d'eau fortement vinaigrée. On peut, avec avantage, délayer les couleurs avec de la gélatine dissoute ou de la glaire d'œufs. Nous donnons, dans un chapitre spécial, la manière de préparer ces diverses colles. Ces diverses préparations se conservent dans des petits pots, et on ajoute plus ou moins d'eau, au moment de s'en servir, suivant les tons qu'on désire.

Pour employer ces couleurs et éviter de tacher les cartonnages, le mieux est de replier les cartons, en arrière, de manière à pouvoir superposer les tranches de plusieurs volumes qu'on désire colorier de la même façon, puis on met un poids sur le tas, ou encore mieux, on met sous presse, ce qui évite à la couleur, grâce à la forte pression des feuillets, de pénétrer à l'intérieur des volumes.

Toutes les tranches étant sous presse, à l'aide d'un pinceau plat, on étend de la couleur au milieu de la tranche de tête, puis on l'étend vers le dos d'un côté et sur la gouttière de l'autre, en commençant par le milieu, afin que la couleur ne s'amasse pas et ne forme pas croûte, sur les côtés, en séchant. On ne doit colorier la gouttière que lorsque les tranches de tête et de queue sont bien séchées.

Nous indiquons les deux procédés pour passer les tranches en couleur, car ils ont chacun leur mérite; mais nous devons faire remarquer que l'inconvénient à éviter, dans le dernier, c'est l'empâtement des couleurs, occasionné par leur trop grande consistance. Cet inconvénient est évité par les couleurs liquides anglaises, dont nous avons indiqué les recettes.

Pour les amateurs qui désireraient s'amuser à jasper quelques volumes, nous leur conseillerons de se servir d'un grillage ou pochoir qui leur permettra, après une première teinte de fond, de graniter, jasper ou décorer même de jolis motifs, les tranches de certains volumes préférés. Il va sans dire qu'on ne doit employer une couche nouvelle que lorsque la précédente est parfaitement sèche. Par ces procédés, que chacun perfectionnera, avec un peu de pratique, on peut arriver à vaincre la plupart de difficultés; les limites de cet ouvrage ne nous permettant pas de nous étendre davantage.

Pour donner du brillant aux tranches teintées, on y passe dessus, tandis qu'on les maintient sous presse, un brunissoir en agathe, qui égalise la teinte et lui donne un luisant très agréable à l'œil et qui protège le livre contre la poussière.

Comme il est assez d'usage, pour les livres d'amateur, de dorer la tranche de tête, voici comment on procède : On place le volume entre deux ais, après avoir redressé les cartons, et on serre les tranches; puis, avec un grattoir spécial, à lame d'acier, de la largeur requise, on gratte la surface de la tranche, avec soin, afin d'enlever toutes les bavures du papier, puis on la brunit, avec un brunissoir en agathe. Cela fait, on passe une couche de Bol d'Arménie dissous dans de l'eau additionnée de blanc d'œuf, on essuie aussitôt, sans laisser sécher et on brunit une deuxième fois.

Ce travail permet à la dorure de mieux pénétrer et de masquer les défauts qui pourraient apparaître, après coup, sur la tranche.

Pour dorer, on se sert de feuilles d'or qui se vendent en cahiers. Avant leur application sur la tranche, par les procédés connus, on applique avec un pinceau, sur la tranche à dorer, une couche d'un mélange d'eau et de blancs d'œufs (soit un blanc pour trois fois son volume d'eau). Ce glairage a pour effet de retenir l'or qu'on applique dessus, avant qu'il soit sec, à l'aide d'un papier duveteux ou d'un peu de ouate, ce qui facilite le transport et l'application des minces feuillets d'or. Lorsqu'on s'est rendu compte que toutes les parties de la tranche sont bien dorées, on attend, environ cinq heures, pour commencer le brunissage de la dorure, qui doit être pratiqué très légèrement au début; puis, avec un linge fin enduit de cire vierge, on passe une couche qu'on brunit après, avec plus de force, parce qu'il n'y a plus à craindre que la dorure se détache.

Pour dorer les titres des volumes, le mieux pour l'amateur est de se servir du composteur et d'avoir à sa disposition des caractères gros et petits, afin que les mots indispensables du titre soient plus gros que les autres. Il faut un composteur, à plusieurs lignes, de manière à contenir le titre entier d'un ouvrage.

Avant d'appliquer le composteur sur la feuille d'or, il faut procéder à son couchage qui se fait, comme nous l'avons déjà indiqué pour les tranches dorées, mais, au préalable, il faut passer au pinceau, sur l'endroit du dos où l'on veut mettre le titre ou le décor, une légère couche d'huile, qui retiendra l'or en feuille jusqu'au moment où le fer chaud la fixera définitivement. Pour ce travail, vu la cherté de la matière, il faut procéder avec économie; découper la feuille d'or, selon les proportions nécessaires, l'appliquer bien à sa place, avec une lame de couteau, ou à la main, sans hésitation, afin d'éviter les froissements, puis appuyer avec un morceau d'étoffe de coton pour le fixage.

Dès que cette opération est terminée, on fait aussitôt chauffer les fers, à une bonne chaleur moyenne, car l'excès ternit la dorure et le défaut de chaleur empêche l'or d'adhérer. L'outil doit être posé sur l'endroit préparé, entièrement d'aplomb, sans exagérer la pression, ce qui rendrait la dorure empatée et moins brillante. On a eu soin, avant ce travail, pour que le titre soit bien en place et les divisions du dos bien régulières, de tracer les distances suivant les formats. Ces divisions se font à l'aide d'un compas dont la pointe indique les raies qu'il faudra tracer avec un fil assez fort, et sur lesquelles on pourra disposer, s'il y a lieu, des filets d'or. (Fig. 12.)

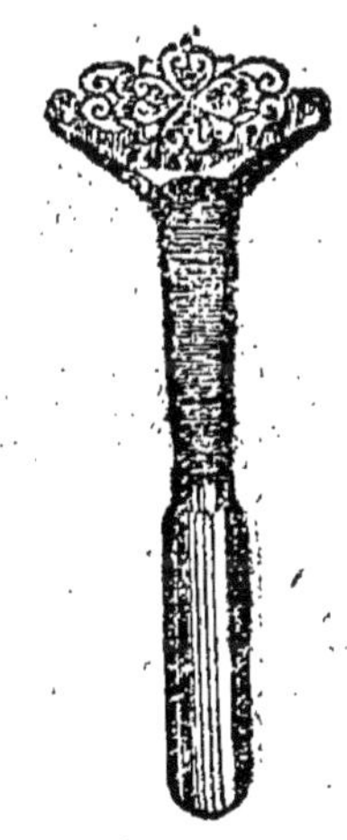

Fig, 12. — Fer à dorer

Nous n'avons pas à expliquer à nos lec-teurs le maniement du composteur, car il est aujourd'hui trop répandu dans le commerce.

Une fois le titre composé, la feuille d'or appliquée sur le deuxième compartiment après la première nervure, on chauffe le fer et on l'applique, en exerçant une pression régulière, afin qu'il n'y ait excès ni d'un côté ni de l'autre.

Pour les filets, on peut les pousser sans or, et à une chaleur moindre.

Enfin, pour terminer la toilette du livre, on polit ou on vernit toutes les parties en peau, afin de leur donner le poli et le glacé qui leur convient.

Il existe, il est vrai, des outils spéciaux pour cela, mais on peut s'en dispenser, en se contentant d'enduire le dos et les plats d'un peu de suif placé sur un chiffon de laine. Le polissage terminé, on met le volume sous presse, entre deux plaques

de métal poli, et on l'y laisse assez longtemps.

Nous bornons là nos conseils, car, pour
la reliure surtout, la pratique et le goût en
apprennent plus que la théorie.

VII

QUELQUES RECETTES UTILES EN RELIURE

Colle de pâte

On l'obtient avec de la farine de blé ou de seigle. Pour cela, on fait bouillir de l'eau dans une bassine et l'on y ajoute peu à peu, de la farine, en ayant soin de remuer constamment. Pour éviter la formation des grumeaux, il est bon de projeter la farine, dans le liquide, à l'aide d'un tamis qui la divise d'une façon plus égale.

On remue jusqu'à ce que, par l'action de la chaleur, la matière ait acquis une consistanc convenable; on continue à chauffer pendant quelque temps encore. Pour assurer la conservation de cette colle, il est bon d'ajouter à l'eau une petite quantité de sel marin; malgré cette précaution, elle se détériore rapidement. Elle est très employée pour le collage du papier. Les relieurs y ajoutent 1/6 et même 1/4 d'alun en poudre.

Colle d'amidon

La meilleure manière de la préparer consiste à triturer de l'amidon dans un mortier avec de l'eau froide, de façon à obtenir une bouillie un peu épaisse et sans grumeaux; on verse, ensuite, dans cette bouillie, un mince filet d'eau bouillante, jusqu'à ce que l'empois commence à se former, ce que l'on reconnaît à ce que le mélange devient transparent, on ajoute alors rapidement le reste de l'eau; une partie d'amidon exige 12 à 15 fois son poids d'eau. Il est inutile de chauffer la masse ainsi obtenue; pour assurer sa conservation, on peut ajouter un peu d'alun à l'eau qui sert à la préparation.

Préparation de la colle forte

Après avoir coupé la colle, en petits morceaux, on la met dans un vase, on la couvre d'eau froide et on la laisse tremper pendant cinq à six heures. On introduit alors le vase dans un bain-marie, dont on porte l'eau à l'ébullition. En même temps,

on remue constamment la colle pour hâ-
ter la dissolution. Aussitôt que tous les
morceaux sont bien fondus, la colle se
trouve prête à être employée; une tempé-
rature élevée ou une ébullition prolongée
l'altéreraient. L'eau chaude qui enveloppe
le bain-marie suffit, et au-delà, pour maintenir la colle dans un état convenable de
fluidité, pendant au moins une demi-
heure. La bonne colle est assez claire, peu
ou point colorée, et a la cassure conchoï-
dale, avec les bords des feuillets légèrement ondulés; celle de Givet est la meilleure.

Colle pour le cuir et le carton

On la prépare en dissolvant 50 grammes de colle forte et autant de térébenthine dans l'eau, sur un feu doux. On in-

corpore au mélange une bouillie épaisse faite avec 100 grammes d'amidon. On s'en sert à froid, elle sèche avec rapidité.

Comment on enlève les taches diverses sur les livres et les gravures

Pour nettoyer les *gravures*, on enlève d'abord s'il y en a, les ordures de mouches ou autres, avec une éponge fine légèrement mouillée, puis on plonge la gravure avec beaucoup de précautions dans une très légère solution de chlore. L'estampe ne doit y séjourner que quelques secondes et être, immédiatement après, passée dans l'eau pure.

On recommence cette opération autant de fois qu'elle est nécessaire.

Si la gravure est tachée d'encre, le chlo-

re l'enlèvera en laissant subsister une tache jaune que l'on fera disparaître en la
mouillant au pinceau d'une solution
d'oxalate de potasse.

Pour enlever les taches de graisse ou
d'huile sur les livres, les gravures, etc.,
on applique, sur la tache, une feuille de
gros papier brouillard qu'on chauffe à
l'aide de quelques petits charbons placés
dans une cuiller d'argent, en ayant soin
de changer le papier brouillard à mesure
qu'il est sali ; puis on enduit, au moyen
d'un pinceau, les deux côtés du papier,
pendant qu'il est encore chaud, d'une légère couche d'essence de térébenthine
presque bouillante. On rend ensuite au
papier sa blancheur en imbibant d'alcool
rectifié la place qui était tachée.

Les taches d'encre sur les livres ou l'é-
criture mise sur les marges, peuvent s'en-

lever au moyen d'une solution d'acide oxalique, d'acide citrique ou tartrique, qui n'altère pas les caractères d'imprimerie.

8

VIII

PETIT VOCABULAIRE

DES

Termes techniques les plus usités

AFFINER. — Ce mot indique qu'on doit coller sur le carton des feuilles de papier ou parchemin pour augmenter sa fermeté. On dit alors : affiner le carton.

AIS. — Ce sont des planchettes de la grandeur des divers formats, entre lesquelles on place les livres, au cours des diverses opérations qu'on leur fait subir.

Il y a ainsi, les ais à endosser, les ais à mettre en presse, les ais à polir, l'ais à brunir, l'ais à rabaisser. (Fig. 13.)

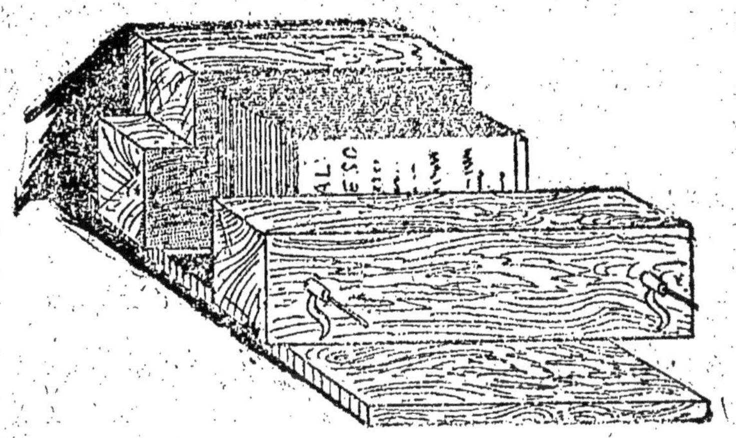

Fig. 13. — Ais

ASSEMBLER. — C'est classer les feuilles imprimées, qui doivent composer un volume selon l'ordre des *signatures*.

BASANE. — Peau de mouton tannée qu'on emploie pour les reliures ordinaires; certaines imitent le veau à la perfection.

BATTÉE. — Pincée indéterminée de feuilles que le relieur prend, pour la battre, avec le marteau sur la pierre.

BRASSÉE. — Terme d'assembleur. Il indique que le tas que l'on prend est plus considérable que celui désigné par le mot de *poignée*.

CAMBRER. — C'est passer le fer à polir sur le plat intérieur des cartons, en allant du dos vers la gouttière, afin de leur donner une forme légèrement coudée

CHAINETTE. — C'est une sorte de boucle que l'on fait avec le fil qui sert à coudre les cahiers sur les feuilles; elles se trouvent en tête et en queue de chaque volume.

CISAILLES. — Gros ciseaux de brocheuses qui servent à tailler ce qui dépasse des feuilles après la brochure.

COIFFE. — Espèce de bord qui surmonte le dos des livres. On dit *coiffer la tranche-*

file lorsqu'on la pose sur la tranchefile, **en** frappant doucement dessus.

Défets. — Ce sont les feuilles qui restent des ouvrages incomplets, après l'assemblage de tous les volumes complets d'une édition.

Fers. — On donne ce nom à tous les instruments de cuivre qui servent à imprimer divers ornements sur la couverture des livres. Il y a les fers à dos, les fers à écusson, etc.

Fouetter et défouetter. — C'est serrer le volume, couvert, avec des ficelles appelées *fouet,* entre deux ais, afin de bien marquer les nerfs. *Défouetter,* c'est enlever les ficelles.

Garde. — Feuille de papier que l'on place au commencement et à la fin du volume pour garantir le premier et dernier feuillet. Cette feuille est quelquefois pliée en deux de la grandeur du format, et quelquefois même au tiers, mais le grand morceau doit toujours être de la grandeur du format.

GOUTTIÈRE. — Côté du volume opposé au dos.

GRATTOIR. — Espèce de ciseau à dents qui sert à gratter le dos pour faire pénétrer la colle.

LAVRONS. — On nomme ainsi les plis des feuilles non rognées.

MEMBRURE. — Ais qui servent à l'endossement des livres et qui sont plus épais que les autres.

NERFS. — Ficelles sur lesquelles on coud les cahiers des volumes, et qui forment de petites épaisseurs dans le genre de reliure qu'on nomme *reliure à nerfs*. L'espace compris entre deux de ces ficelles s'appelle *entre-nerfs*.

Noix. — On désigne ainsi les bosses que, par maladresse, le batteur laisse sur les cahiers, en battant le volume.

Onglet. — Petite bande de papier qu'on laisse à une feuille pour coller une gravure dessus.

Palettes. — Sorte de fers longs et étroits qui servent à dorer les nerfs.

Plioir. — Espèce de couteau à deux tranchants, en bois, os, ou ivoire, qui sert à plier les feuilles.

Pointures. — Trous faits dans la feuille imprimée par deux pointes de fer, qui servent à guider certains plis que doit faire la plieuse.

Pressée. — C'est la quantité de volumes que contient la presse. On dit : Une pressée.

Raffiner le carton. — C'est coller du côté du mors une feuille de papier plus ou moins large, pour le rendre plus propre et plus dur.

SAUVE-GARDE. — Bande de papier de la longueur du volume, qu'on plie en deux et qu'on coud avant la garde du commencement, et après la garde de la fin de chaque volume; elles servent à garantir les gardes; on les enlève avant de terminer la reliure et au moment de coller les gardes sur les cartons.

SIGNATURE. — Lettres capitales ou chiffres qui figurent au bas de la première page de chaque cahier, sur la ligne de pied à droite, et qui indique l'ordre à suivre dans le placement des cahiers.

SIGNET. — Petit ruban ou cordonnet de soie qu'on colle par un bout sur la tranchefile.

TORTILLER. — C'est dépointer les ficelles, les mouiller avec de la colle, puis les rouler, au moment où le relieur veut réunir ou coudre les cartons avec le volume.

TRANCHEFILE. — On désigne ainsi la tranche à coudre.

FIN

TABLE DES MATIÈRES

Grande Imprimerie de Troyes, 126, rue Thiers

EXTRAIT DU CATALOGUE

ŒUVRES DE MAYNE-REID

ROMANS ÉTRANGERS

Chez tous les libraires : 0 fr. 20 — Franco-poste : 0 fr. 25

EXTRAIT DU CATALOGUE

ROMANS DIVERS

Chez tous les libraires : 0 fr. 20 — Franco-poste : 0 fr. 25

EXTRAIT DU CATALOGUE

LÉGISLATION

Les Codes Complets

LE VOLUME : **0 fr. 20** ; FRANCO-POSTE : **0 fr. 30**

*Les 9 volumes reliés en un seul, toile rouge, 2 fr. 50 net;
franco poste ou gare, 3 fr. 20*

Lois Usuelles

Complémentaires des Codes. — Groupées dans l'ordre
alphabétique.

Suite des LOIS USUELLES : EN PRÉPARATION

LE VOLUME : **0 fr. 20** ; FRANCO-POSTE : **0 fr. 25**

*Les tomes 1 à 8 reliés en un seul, toile rouge, 2 fr. 50 net;
franco poste ou gare, 3 fr. 20*

Mêmes conditions pour les tomes 9 à 16.

*Les 3 volumes reliés (Codes et Lois) sont adressés franco en un
postal gare, contre la somme de 8 fr.*

EXTRAIT DU CATALOGUE

ŒUVRES COMIQUES

René Blond. — *La vie de caserne en rose :*

408	Le Soldat Boustif	1 v.
409	Le Caporal Boustif	1 v.
410	Le Sergent Boustif	1 v.
416	**Paul de Sémant.** — Le Sergent Blache	1 v.
417	— Les Farces du P'tit Frick	1 v.
418	— Ce Sacré Poilut	1 v.
419	— Ce Sacré Poissotte	1 v.
420	**Paul Féval fils.** — Un Notaire embêté	1 v.
421	**Théodore Cahu.** — Le Régiment des hommes à poil	1 v.
422	— Nos farces au Régiment	1 v.
423	— L'Amour, il n'y a que ça	1 v.
424	**Ch. Bérard.** — Pour rire à deux	1 v.
426 427	**Pigault-Lebrun.** — Monsieur Botte	3 v.
428 429	— L'homme à la pièce curieuse	2 v.
432	**Joseph Montet.** — La Vie fantasque	1 v.
433	**D. Chéri.** — La vertu du Mari	1 v.
434	— La vertu de Madame	1 v.
435	**Ch. Bérard.** — Les 6 femmes de M. Pingouin	1 v.
436	**Jean Soleil.** — La Bicycliste récalcitrante	1 v.
437	**Max de Jersey.** — Tertrouille au 41ᵉ d'Artillerie	1 v.
438	— Tertrouille ordonnance	1 v.

ROMANS D'AVENTURES

Vincent Huet. — *Au Pays Arabe :*

501	Le Disparu	1 v.
502	Les Cavernes des Hall-el-Oued	1 v.
503 504	**G. Guitton-Le Rouge.** — La Conspiration des Milliardaires	2 v.
505 506	— A coups de milliards	2 v.
507 508	— Le Régiment des hypnotiseurs	2 v.
509 510	— La Revanche du Vieux-Monde	2 v.
511 512	**Capitaine Marryat.** — Le Vaisseau Fantôme	2 v.
513 514	— Le Spectre de l'Océan	2 v.

Chez tous les libraires : 0 fr. 20 — Franco-poste : 0 fr. 25

HAUTE NOUVEAUTÉ !

ACCORDÉONS avec voix en acier incassables !

Au prix exceptionnel de 5 fr. 50, nous expédions, contre remboursement, notre superbe accordéon à 2 chœurs, avec 10 touches, 2 registres, 2 basses, 50 voix extra-fortes, avec double soufflet; ressorts en spirales incassables et brevetés, pour les touches et les basses; clavier ouvert, d'un son d'orgue. Accordéons à 3 chœurs, 7 fr. 50; à 4 chœurs, 9 fr 50; à 6 chœurs, 20 fr.; à 2 rangées avec 21 touches et 4 basses, 12 fr. 50. Avec cloche, 40 centimes en plus; et avec appareil de trémolo italien, produisant un son d'orgue, 0 fr. 50 en plus. Accordéons à 2 chœurs, mais avec voix en acier, 1 fr. 50 en plus; à 3 chœurs, 2 fr. 50 en plus; à 4 chœurs et à 2 rangs de 21 touches, 3 fr. en plus; à 6 chœurs, 5 fr. en plus.

Essayez nos voix en acier qui sont les meilleures et produisent la musique la plus forte et la plus harmonieuse.

Méthode française gratis. Frais de transport, 1 fr. 25. Nouveau catalogue gratis et franco. Port de lettre, 25 centimes.

CITHARE - GUITARE

Instrument merveilleux, avec 11 cordes et 5 accords, s'apprend de suite, on peut jouer tous les airs, même sans connaître la musique, ne coûte que 10 fr. Le même instrument, mais avec 6 accords et 40 cordes, ne coûte que 12 fr. 50. Port, 1 fr. 25. Emballage et méthode française GRATIS. 15 feuilles de musique à glisser sous les cordes, d'une valeur de 2 fr. 50, sont livrées gratuitement avec chaque cithare. Catalogue gratis et franco. Affranchir les lettres à 0 fr. 25.

Innombrables Références.

S'adresser directement à

HERFELD & Cⁱᵉ

NEUENRADE, No 23 (Allemagne)

DEMANDEZ

chez

Tous les Libraires, Marchands de Journaux, etc.

LE CATALOGUE

DE LA

Collection A.-L. GUYOT

20, Rue des Petits-Champs, 20

MILLE

Romans des meilleurs Auteurs

Balzac, Paul Féval, Cooper, Mayne-Reid,
Pouchkine, Sinkiewicz, Edgar Poë, etc.

Le Vol. : 20 centimes

MANUELS UTILES

AGRICULTURE, CUISINE, RÉCRÉATIONS AMUSANTES

Le Vol. : 20 centimes

Encyclopédie A.-L. GUYOT

HYGIÈNE, LÉGISLATION, INDUSTRIE, SCIENCES,
SPORTS, ARTS, MÉTIERS.

Le Vol. : 30 centimes

On réalise 80 pour 0/0 d'économie sur ses dépenses journalières
en se servant de l'Encyclopédie A.-L. GUYOT.

www.ingramcontent.com/pod-product-compliance
Ingram Content Group UK Ltd.
Pitfield, Milton Keynes, MK11 3LW, UK
UKHW020000100726
13658UKWH00002B/739